架空输电线路带电作业图解

项目三

冯振波　郑孝干◎编著

带电更换220kV输电线路直线绝缘子串金具（自平衡法）

内容提要

本书总结了国网福州供电公司在输电带电作业中积累的经验，以带电“特种兵”的基本功训练和现场实战技法为主线，基于福州地区富有特色的五种典型输电线路带电作业项目，以图片、文字和视频结合的方式介绍了输电线路带电作业的项目管控、项目实施和作业技巧。主要内容有带电更换220kV输电线路直线绝缘子串（地面提升法）、220kV输电线路直线绝缘子带电单串改双串（地面提升法）、带电更换220kV输电线路直线绝缘子串金具（自平衡法）、110kV输电线路耐张绝缘子带电单串改双串（滑车组法）、带电处理110kV输电线路导线节点发热（地电位法）。

本书主要面向架空输电线路带电作业相关技术人员，读者可根据情况参考应用。

图书在版编目（CIP）数据

架空输电线路带电作业图解 / 冯振波，郑孝干编著 . —北京：中国电力出版社，2020.12

ISBN 978-7-5198-5021-0

Ⅰ . ①架… Ⅱ . ①冯… ②郑… Ⅲ . ①架空线路—输电线路—带电作业—图解 Ⅳ . ① TM726.3-64

中国版本图书馆 CIP 数据核字（2020）第 186287 号

出版发行：中国电力出版社
地　　址：北京市东城区北京站西街 19 号（邮政编码 100005）
网　　址：http://www.cepp.sgcc.com.cn
责任编辑：杨　卓（010-63412789）
责任校对：黄　蓓　李　楠
装帧设计：北京宝蕾元科技发展有限责任公司
责任印制：吴　迪

印　　刷：三河市万龙印装有限公司
版　　次：2020 年 12 月第一版
印　　次：2020 年 12 月北京第一次印刷
开　　本：880 毫米 ×1230 毫米　32 开本
印　　张：2.625
字　　数：53 千字
印　　数：0001-1500 册
定　　价：108.00 元（全六册）

前言

随着电网的建设和发展，带电作业已成为输电设备测试、检修、改造的重要手段，在电力系统的安全可靠运行和效益提升方面发挥了十分重要的作用。我国的带电作业起步于20世纪50年代初，经过几代带电作业人的不懈努力，在带电作业理论研究、工器具研究开发、标准制定和安全管理等方面得到了良好发展。

国网福州供电公司自1959年成立输电带电作业班组以来，在摸索中创新、在实践中突破，已经走过起步发源、摸索试验、规范提升、积累沉淀和创新发展的不同历史阶段，在作业内容的多样化、作业工器具的轻巧化、作业项目的操作难度和广泛程度等方面取得了长足进步。

班组以劳模精神为引领，大力倡导工匠精神，不断加强人才队伍建设，培育输出了多名福建省五一劳动奖章获得者、福建省电力有限公司劳模及工匠和各类专家人才。并且在长期的工作中，班组形成了特色鲜明的创新文化，以“四大创新信条”和“三大创新支撑”指引创新工作，成效显著。班组依托承建的国家级技能大师工作室、国家电网有限公司劳模创新工作室和国网福建省电力有限公司输电带电作业工作室，目前已开展四十多项科技创新项目，获得国家知识产权局授权专利90项，在专业期刊杂志上发表论文9篇。还获得了“国际发明展金奖”及其他科技奖项12

项，“福建省百万职工‘五小’创新大赛一等奖”及其他省部级奖励 5 项，“福建省电力有限公司科技进步奖”及其他地市级或行业奖励 20 余项。大批高技能人才的培养和创新成果的应用为福州输电带电作业跨越式发展奠定了坚实的基础。早在 1989 年班组就组织开展 220kV 输电线路带电更换铁塔，2000 年就首次开展了输电线路导线带负荷切断重接、耐张线夹带负荷更换等大型复杂的带电作业项目。

本书总结了国网福州供电公司在输电带电作业中积累的经验，以带电作业“特种兵”的基本功训练和现场实战技法为主线，基于福州地区富有特色的五种典型输电线路带电作业项目，以图片、文字和视频结合的方式介绍了输电线路带电作业的项目管控、项目实施和作业技巧，读者可根据情况参考应用。

本书编写过程中，得到了各方面的大力支持。国网福建省电力有限公司林力辉、蔡金林、吴晓杰、张世炼、王启强、廖成师、董剑峰、曾小平、吴能锦、陈兴宝、陈国信、陈言团、吴健仁、陈永红、曾旺、林财德、蔡江河、康启程、曹祖鹰、廖肇葵、许金应、张锦锋、杨毅豪、杨毅航、陈炜等在编写过程中多次参与审稿与技术研讨；林信恩、陈文彬、卓晗、刘行洲、张良发、林华育、郑永健、赵新丰等参与素材的拍摄，为本书的出版提供了很大的帮助。在此，谨向上述有关同志表示感谢。

由于作者水平所限，加之时间仓促，书中定有错误和不妥之处，敬请广大读者批评指正。

作者

2020 年 8 月

目录 Contents

项目三

带电更换 220kV 输电线路直线绝缘子串金具（自平衡法）

主要内容

导语

业务基础知识

作业前期准备

现场作业风险点分析与控制

现场作业程序

总结与提升

1. 在什么情况下需要进行220kV输电线路直线绝缘子串金具带电更换作业?
2. 你已知有哪些作业方法可以进行220kV输电线路直线绝缘子串金具带电更换作业项目?
3. 220kV输电线路直线绝缘子串金具带电更换作业最关键的技术难点有哪些?
4. 在此类带电作业项目中你觉得以下工具哪些可能会被用到?

绝缘轮式调节板

单轮绝缘滑车

链条葫芦

钢丝绳绳套

丝杆

张紧扣

5. 220kV输电线路直线绝缘子串金具带电更换作业包括哪几个关键步骤?
6. 220kV输电线路直线绝缘子串金具带电更换作业过程中可能遇到的作业风险有哪些?

第一节 导语

1、金具更换的原因

绝缘子是架空输电线路的重要元件之一，将导线悬挂在绝缘子上的连接金具（悬吊金具，也称支持金具或悬垂线夹），在运行过程中，由于风力作用、施工工艺不良、产品质量不良等原因，常会出现摩擦损伤、跑位、护线条脱落、腐蚀、断裂等情况，需要进行更换（见图 3-1）。同样类似，绝缘子在运行过程中常会出现绝缘老化、雷击、机械损伤等情况需要进行更换。

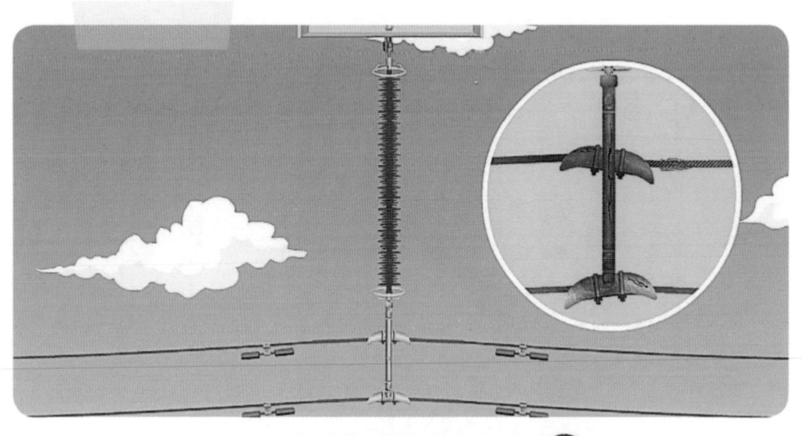

图 3-1 连接金具与绝缘子串

2. 输电线路绝缘子串金具带电更换常用作业方法

带电更换 220kV 输电线路线夹类金具等一般采用等电位作业法，根据吊线工具的不同又可分为绝缘滑车组法、硬质拉棒（板）法和软质拉棒（板）法，如图 3-2 所示。同样的方法也可以用于 220kV 输电线路绝缘子更换带电作业。

3. 自平衡式软质拉棒法的优势

由于自平衡式软质拉棒法，采用丝杆作为提升工具，具有提升能力强的特点，而且软质绝缘绳代替了绝缘拉棒（板），具有重量轻、可适用不同间距导线等特点，因此本项目主要介绍以软质拉棒作为吊线工具的作业方法（自平衡式软质拉棒法）更换 220kV 输电线路悬垂线夹。

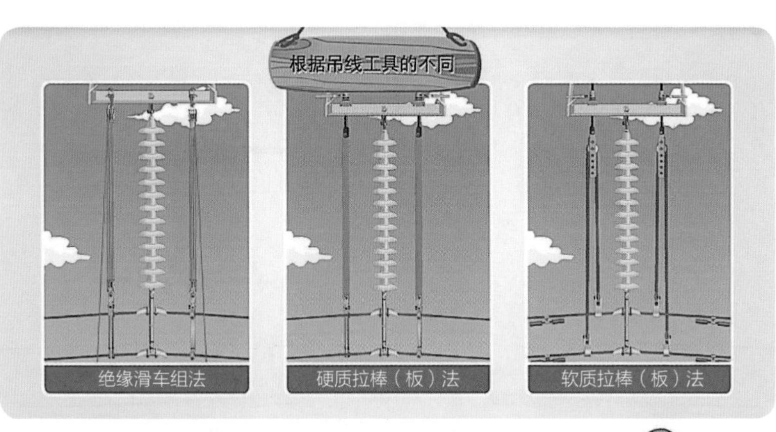

图 3-2 带电更换 220kV 输电线路金具 3 种作业方法

- 掌握 220kV 输电线路直线绝缘子串金具带电更换（自平衡式软质拉棒法）的作业流程、危险点分析与控制措施和作业方法。
- 掌握 220kV 输电线路直线绝缘子串带电更换（自平衡式软质拉棒法）的作业方法。

第二节　业务基础知识

一、悬垂线夹结构

输电线路悬垂线夹有平行挂板式悬垂线夹、带碗头挂板式悬垂线夹、带U形挂板的悬垂线夹、下垂式悬垂线夹、坐立式（防晕型）悬垂线夹、改进型（提包式）悬垂线夹、悬杠通用式悬垂线夹、垂直排列双悬垂线夹、跳线用悬垂线夹等多种结构方式（见图3-3）。

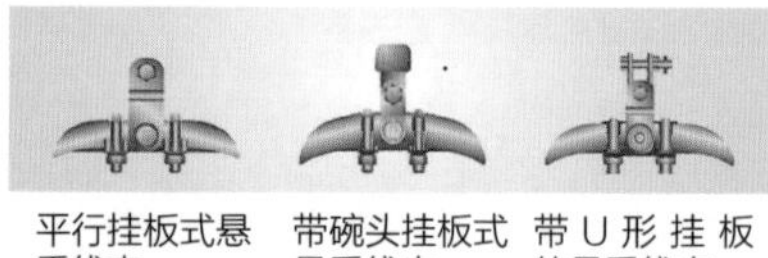

平行挂板式悬垂线夹　带碗头挂板式悬垂线夹　带U形挂板的悬垂线夹

下垂式悬垂线夹　坐立式（防晕型）悬垂线夹　改进型（提包式）悬垂线夹

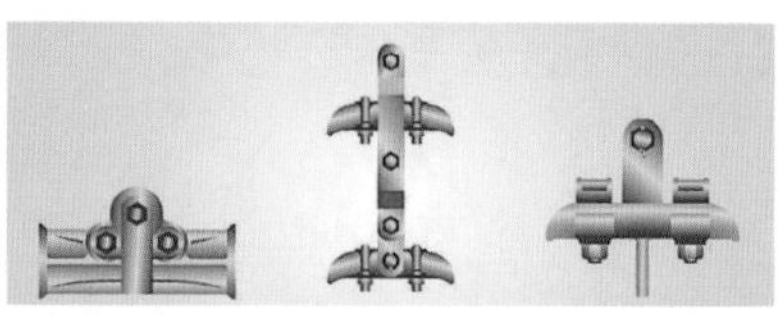

悬杠通用式悬垂线夹　垂直排列双悬垂线夹　跳线用悬垂线夹

图3-3　悬垂线夹结构示意图

通常情况下，220kV 输电线路大多为双导线垂直排列，所以垂直排列双悬垂线夹最为常用（见图 3–4）。

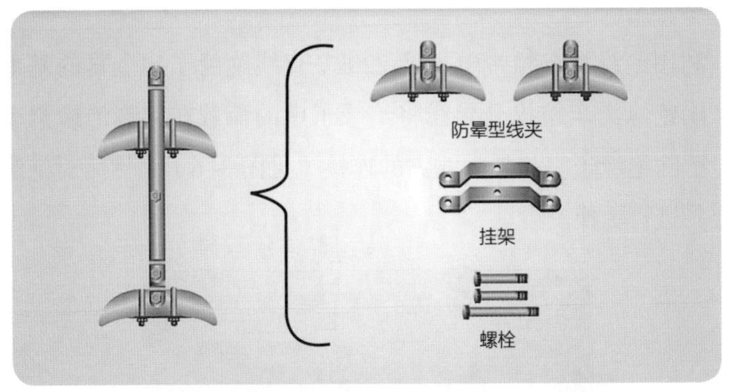

图 3-4 垂直排列双悬垂线夹组装示意图

常见直线绝缘子串金具缺陷包括金具腐蚀、金具跑位、护线条脱落、金具脱落、挂板断裂五种类型（见图 3–5）。

图 3-5 直线绝缘子串金具缺陷类型

二、常用作业方法

1. 绝缘滑车组法

利用绝缘滑车组带电更换220kV直线绝缘子串金具的基本原理：用绝缘滑车组提升导线将绝缘子串的荷载转移到绝缘滑车组上，解除绝缘子串与悬垂线夹的连接（见图3–6），然后对绝缘子串金具进行更换。

图3-6　绝缘滑车组法更换金具原理示意图

一般采用等电位作业方式，使用的主要工具有绝缘滑车组、绝缘绳、双导线吊线钩、绝缘平梯等。绝缘滑车组法所用主要工具如图3–7所示。

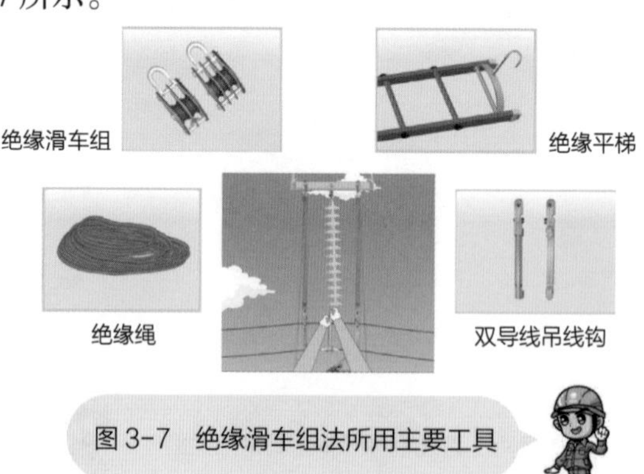

图3-7　绝缘滑车组法所用主要工具

小贴士
优点
通用性强
缺点
由于 220kV 直线绝缘子串垂直荷载较大，靠人力收紧的绝缘滑车组提升力有限，因此这种作业方法在 220kV 线路上较少使用。

2. 硬质拉棒（板）法

利用卡具、丝杆和拉棒（板）带电更换 220kV 直线绝缘子串金具，一般采用等电位作业方式，使用的主要工具有卡具、丝杆、绝缘拉棒（板）、双导线吊线钩、绝缘平梯等。硬质拉棒（板）法所用主要工具如图 3–8 所示。

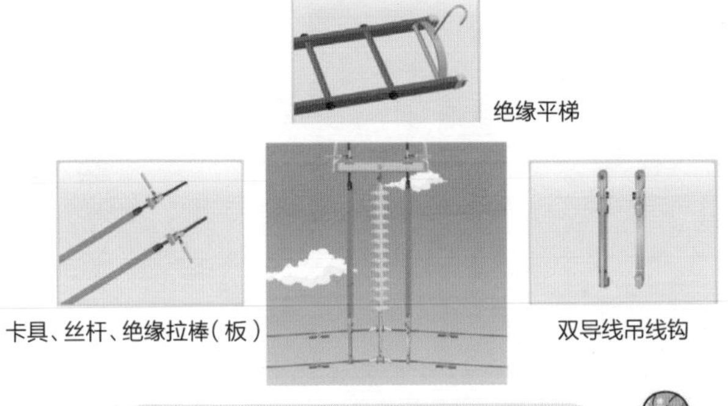

图 3–8　硬质拉棒（板）法所用主要工具

（1）人员通过绝缘平梯进入导线侧（见图3-9）。

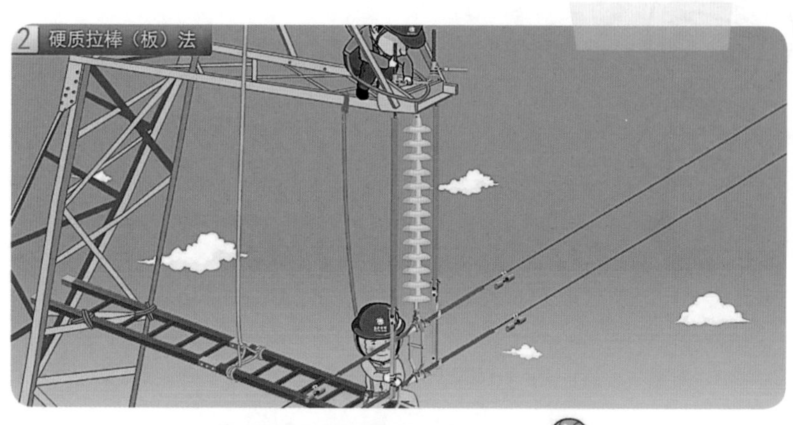

图3-9 利用绝缘平梯进入电场

（2）配合横担侧作业人员将卡具安装在绝缘子串挂点的横担位置，通过丝杆和绝缘拉板收紧导线（见图3-10），使绝缘子串松弛。

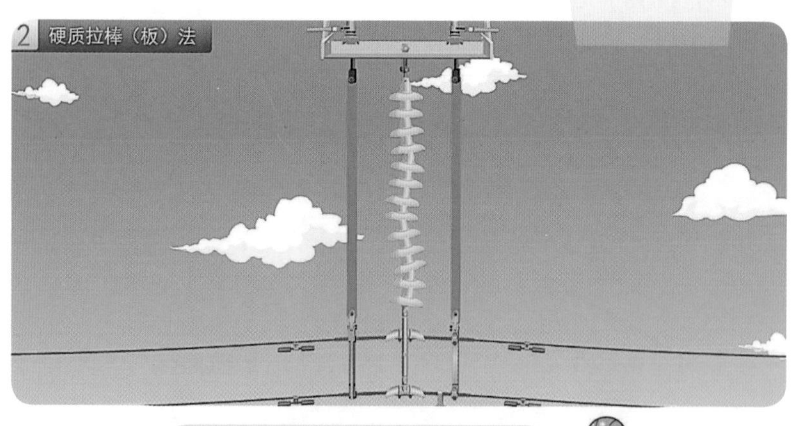

图3-10 通过丝杆和绝缘拉板收紧导线

（3）解除绝缘子串与悬垂线夹的连接，然后对绝缘子串金具进行更换（见图 3-11）。

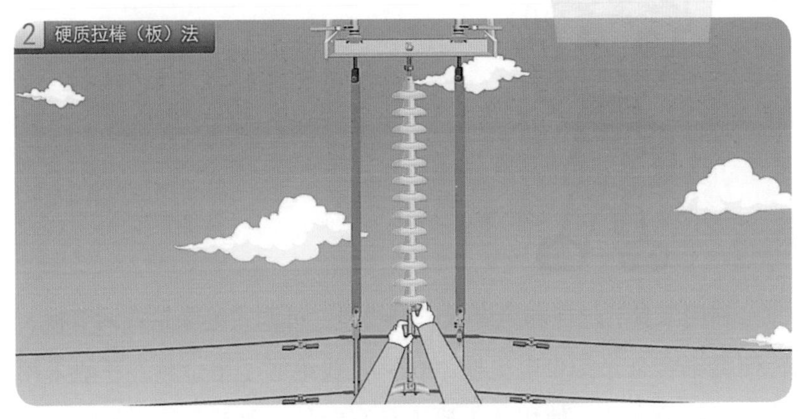

图 3-11 更换绝缘子串金具

小贴士

优点	缺点
利用丝杆提升导线较为省力，吊线工具安装方便。	不同的横担结构必须使用与其相配套的卡具，不同双导线间距应采用不同的双导线挂钩，通用性差。

3. 软质拉棒（板）法

今天带电作业“特种兵”选择了自平衡式软质拉棒法。

利用卡具、丝杆和绝缘软质提线绳、可调式绝缘轮式调节板、轻便型铝合金吊钩带电更换220kV直线绝缘子串金具，一般采用等电位作业方式，使用的主要工具有卡具、丝杆和绝缘软质提线绳、可调式绝缘轮式调节板、轻便型铝合金吊钩、绝缘平梯等（见图3–12）。

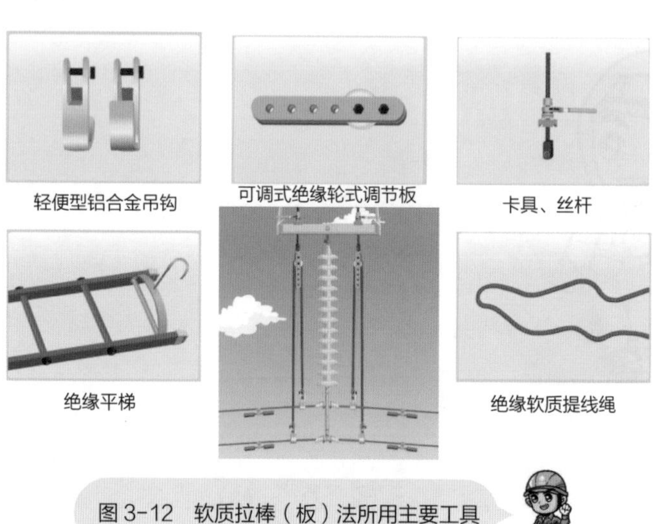

图3–12 软质拉棒（板）法所用主要工具

（1）更换时，人员通过绝缘平梯进入导线侧（见图 3–13）。

图 3-13　通过绝缘平梯进入电场

（2）配合横担侧作业人员将卡具安装在绝缘子串挂点的横担位置，通过可调式绝缘轮式调节板连接绝缘软质提线绳及轻便型铝合金吊钩收紧导线，使绝缘子串松弛（见图 3–14）。

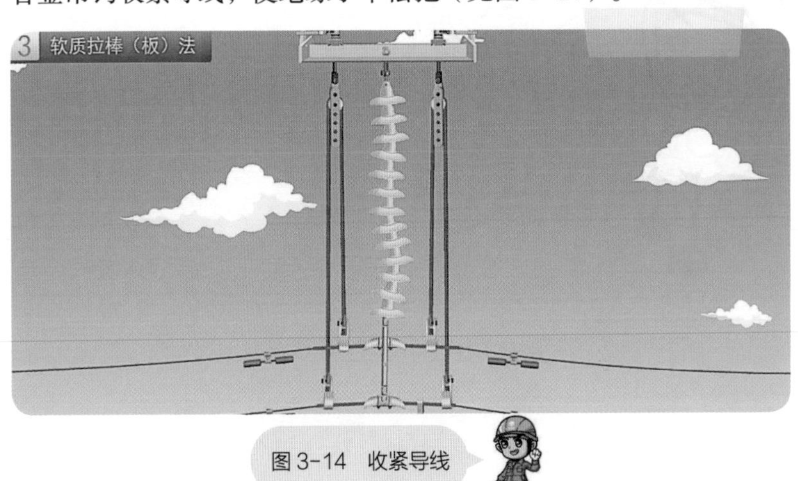

图 3-14　收紧导线

（3）解除绝缘子串与悬垂线夹的连接，然后对绝缘子串金具进行更换（见图3-15）。

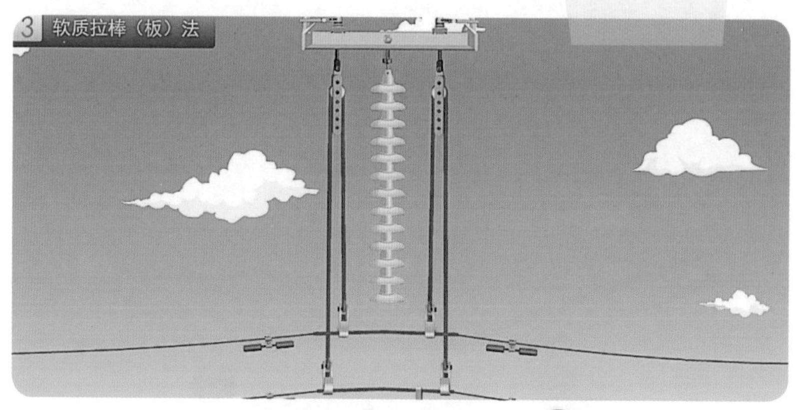

图3-15　更换绝缘子串金具

小贴士

优点	缺点
利用丝杆提升导线较为省力，吊线工具安装方便，绝缘软质提线绳可通用于不同双导线间距，通用性强。	由于等电位人员进入其中，导致双导线受力不平衡，一旦拆除悬垂线夹会使上下子导线的间距变化，需要再额外安装控制间隔棒。

220kV 输电线路直线绝缘子串也可采用此方法带电更换。

（4）软质拉棒（板）法更换 220kV 输电线路直线绝缘子串步骤如图 3–16 至图 3–18 所示：

图 3–16 脱开导线侧碗头挂板的连接

图 3–17 脱开绝缘子与球头挂环的连接

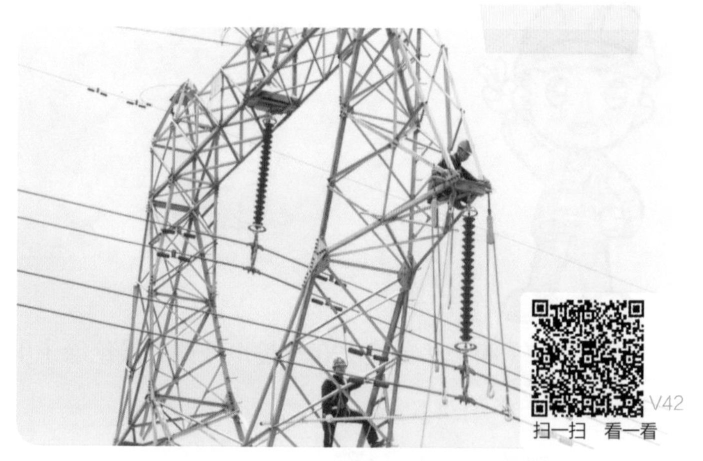

图3-18　新绝缘子串传递安装

第三节 作业前期准备

战前充分准备是带电特种兵战斗获胜的关键！

带电作业“特种兵”战前需要做如下准备工作：

01

流程准备

02

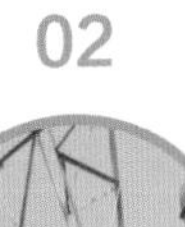

人员准备

03

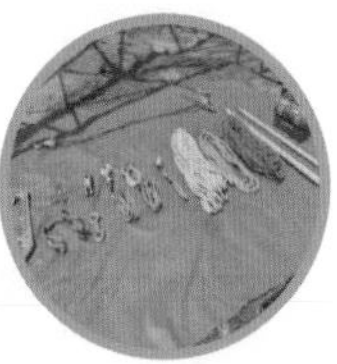

工器具准备

04

材料准备

一、流程准备

流程准备包括现场勘察、查阅资料、了解天气情况、办理工作票、组织学习五个步骤。前面项目已经详细讲述了流程准备的5个关键环节，这里不做过多讲述，但是作业前请按照下面的流程图进行回顾，确认所有流程都已经完成（见图3-19）。

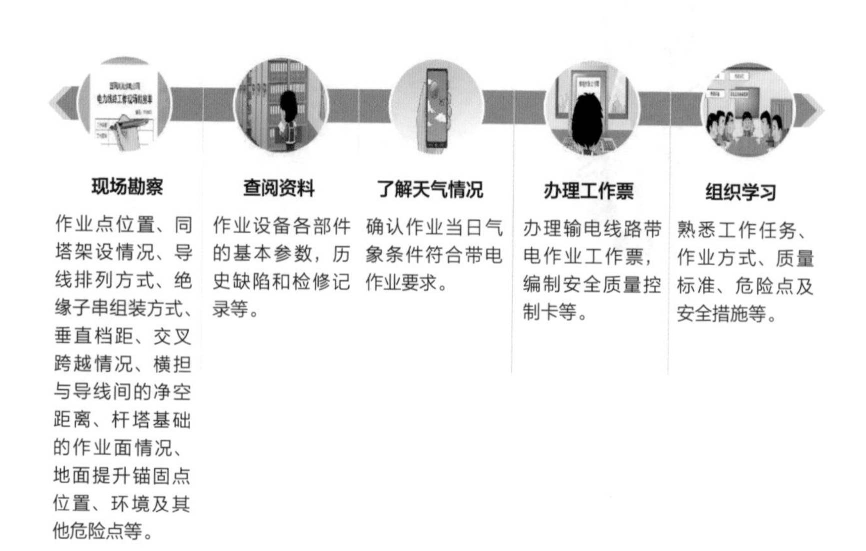

现场勘察
作业点位置、同塔架设情况、导线排列方式、绝缘子串组装方式、垂直档距、交叉跨越情况、横担与导线间的净空距离、杆塔基础的作业面情况、地面提升锚固点位置、环境及其他危险点等。
查阅资料
作业设备各部件的基本参数，历史缺陷和检修记录等。
了解天气情况
确认作业当日气象条件符合带电作业要求。
办理工作票
办理输电线路带电作业工作票，编制安全质量控制卡等。
组织学习
熟悉工作任务、作业方式、质量标准、危险点及安全措施等。

图3-19　流程准备内容

二、人员准备

工作负责人（监护人）1名、杆（塔）上电工2名（其中等电位电工1名）、地面电工3名人员分工如图3-20所示。

工作负责人（监护人）1名

- 负责整个施工过程、工艺要求、质量标准和施工安全管理。

杆（塔）上电工2名（其中等电位电工1名）

- 负责安装、拆除绝缘滑车组、绝缘平梯等工器具；
- 负责拆除、安装悬垂线夹。

地面电工3名

- 负责传递工器具和材料；
- 配合塔上作业人员拆、装悬垂线夹。

图3-20 现场人员分工

三、工器具准备

要出战了，赶快挑选一下战斗装备吧！

利用自平衡式软质拉棒法进行220kV输电线路直线绝缘子串金具带电更换作业，过程中会使用到绝缘工器具、金属工器具、个人防护装备和辅助工器具。

1. 绝缘工器具

作业过程中会使用到的绝缘工器具如图3-21所示。

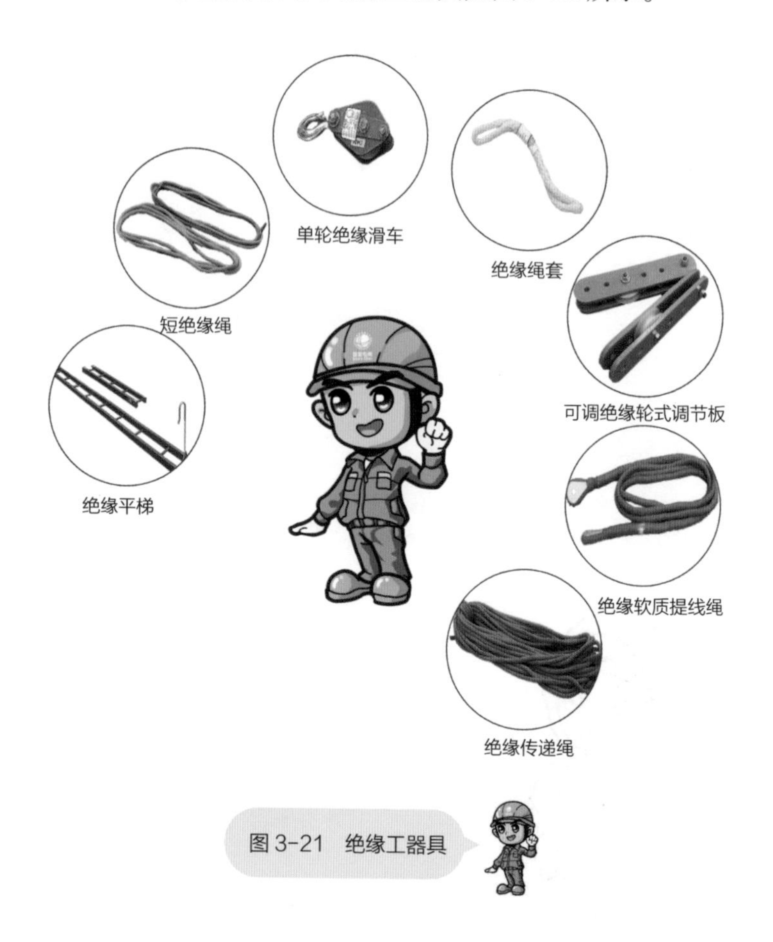

图3-21 绝缘工器具

2. 金属工器具

作业过程中会使用到的金属工器具如图 3-22 所示。

图 3-22 金属工器具

3. 辅助工器具

作业过程中会使用到的辅助工器具如图 3-23 所示。

图 3-23　辅助工器具

4. 个人防护装备

作业过程中会使用到的个人防护装备如图 3–24 所示。

图 3–24 个人防护装备

5. 工器具清单

作业过程中会使用到的工器具清单见表 3-1。

表 3-1 工器具清单

序号	名称	型号 / 规格	数量	单位	备注
1	横担拓宽器	30kN	1	副	
2	丝杆	30kN	2	副	
3	可调绝缘轮式调节板	30kN	2	副	
4	绝缘软质提线绳	30kN	2	条	
5	吊线钩	30kN	4	只	轻便型铝合金
6	绝缘绳套	ϕ14mm	1	条	
7	单轮绝缘滑车	5kN	1	只	
8	绝缘传递绳	ϕ14mm	1	条	
9	短绝缘绳	ϕ12mm	2	条	固定绝缘平梯
10	短绝缘绳	ϕ14mm	1	条	子导线间距控制
11	绝缘平梯	6m	1	架	
12	地电位取销钳		1	把	
13	绝缘测试仪	ST2008	1	台	也可用绝缘电阻表
14	安全帽		6	顶	
15	绝缘安全带		2	条	配后备保护绳
16	屏蔽服	I 型	1	套	
17	万用表		1	只	测量屏蔽服导通
18	个人工具		4	套	
19	风湿度仪		1	个	
20	望远镜		1	副	工作负责人验收使用
21	防潮苫布	3m×3m	2	块	

四、材料准备

进行 220kV 输电线路直线绝缘子串金具带电更换作业时，需准备垂直排列双线夹型悬垂线夹 1 个，如图 3–25 所示。所需材料清单见表 3–2。

表 3–2 材料清单

序号	名称	型号	数量	单位	备注
1	垂直排列双线夹型悬垂线夹	CCS-6	1	个	

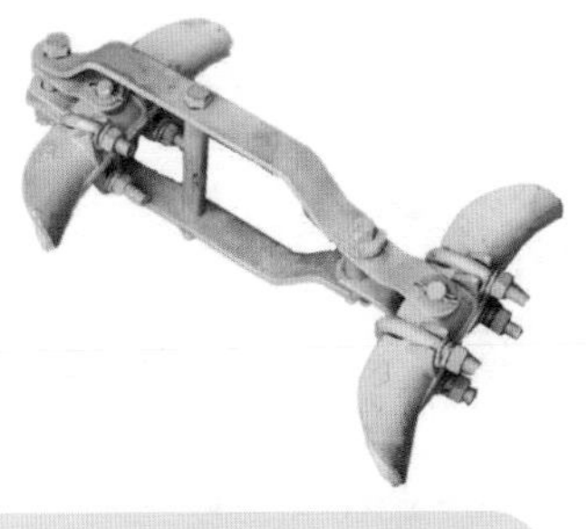

图 3–25 垂直排列双线夹型悬垂线夹

请注意：
（1）线夹选用时特别留意型号规格要求；
（2）使用前请进行外观检查，确认各部分配件是否齐全，特别是船体上的 U 形螺栓的螺帽、船体中的压板。

第四节 现场作业风险点分析与控制

采用自平衡式软质拉棒法开展220kV输电线路直线绝缘子串金具更换带电作业，过程中可能会面临工具失效、机械伤害、高处坠落、高电压风险和恶劣天气等几种主要风险（见图3–26），必须深入分析危险触发条件并采取有效预控措施，确保安全施工。

图3-26　五种常见作业风险点

风险分类相同，但是每个项目所使用的工具和作业方法有细微差异，预控手段也相应有差异，还请留意。

1. 危险类型一：工器具失效

作业过程中有可能会出现工器具失灵或工器具连接失效，请特别注意防范。

防范措施：

（1）作为吊线工具的卡具、丝杆和绝缘软质提线绳、可调式绝缘轮式调节板、轻便型铝合金吊钩均应经过定期机械试验合格，使用前应进行外观检查（见图 3-27）。

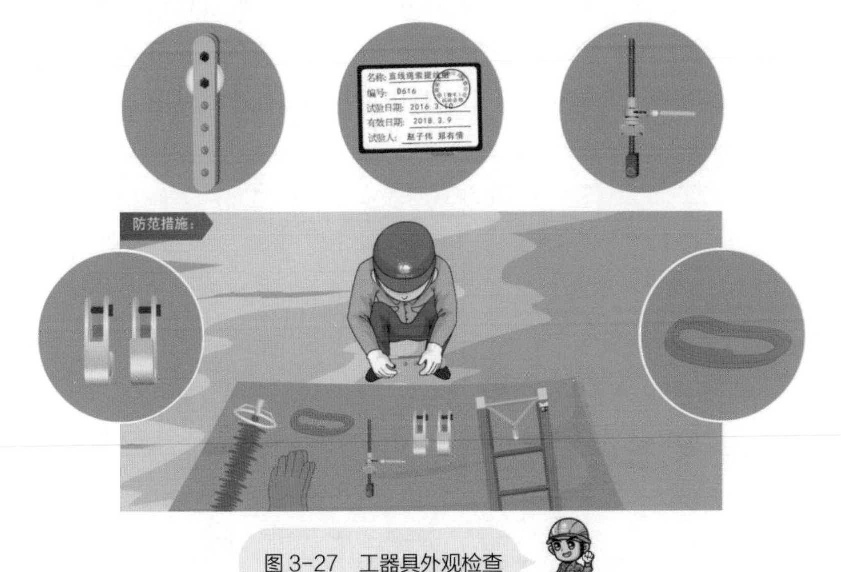

图 3-27　工器具外观检查

（2）为了保障作业的安全性，当采用吊线装置时应使用防止导线脱落的后备保护绳（见图3–28）。

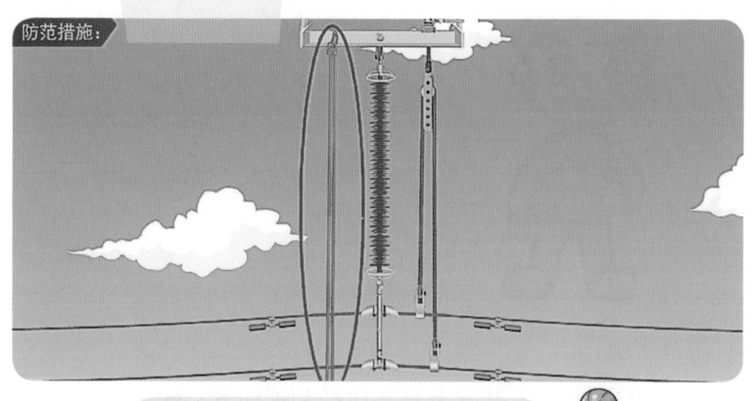

图3-28　使用防止导线脱落的后备保护绳

（3）更换一般档距绝缘子串金具应根据垂直档距大小和导线型号大致估算绝缘子串的垂直荷载选择相应的吊线工具（见图3–29），更换大跨越绝缘子串金具应进行精确计算（见图3–30）。

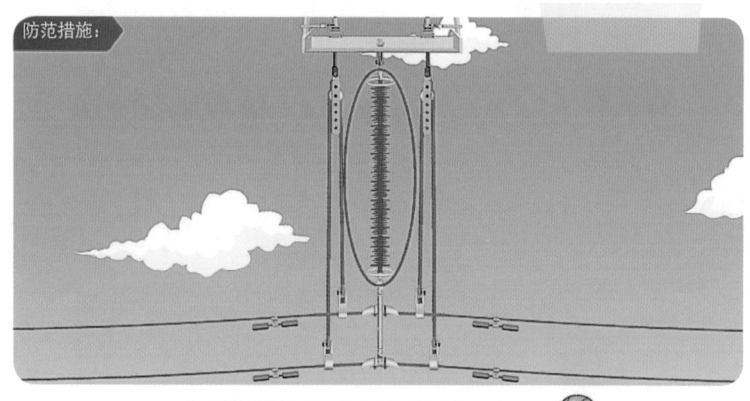

图3-29　根据垂直载荷选择吊线工具

图 3-30　更换大跨越绝缘子串应进行精确计算

（4）可调绝缘轮式调节板使用前应进行外观检查，保证其各部位转动灵活（见图 3-31）。

图 3-31　检查可调绝缘轮式调节板外观

2. 危险类型二：机械伤害

作业过程中有可能会出现绝缘子断串、导线掉线或高处落物，请特别注意防范。

防范措施：

（1）进行更换作业前，应先检查原绝缘子串金具的完好情况，特别是线夹船体、挂板、挂架和螺栓是否锈蚀严重或有裂痕（见图3–32）。

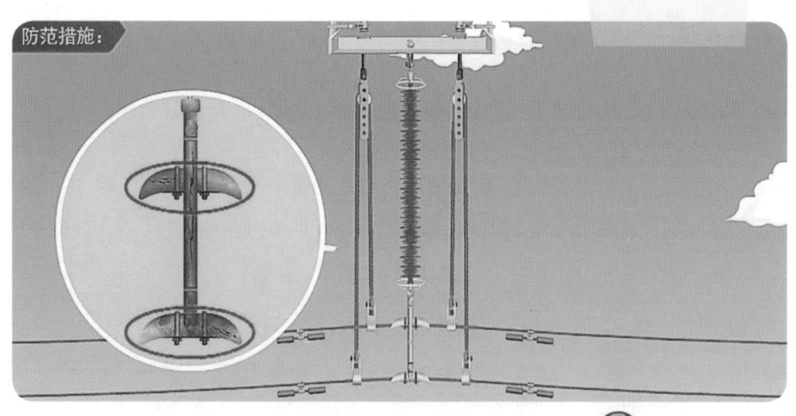

图3-32 检查原绝缘子串金具的完好情况

（2）进行更换作业前，应先检查绝缘子串的完好情况，特别是连接部位金具是否存在锈蚀严重或雷击熔化现象（见图 3-33）。

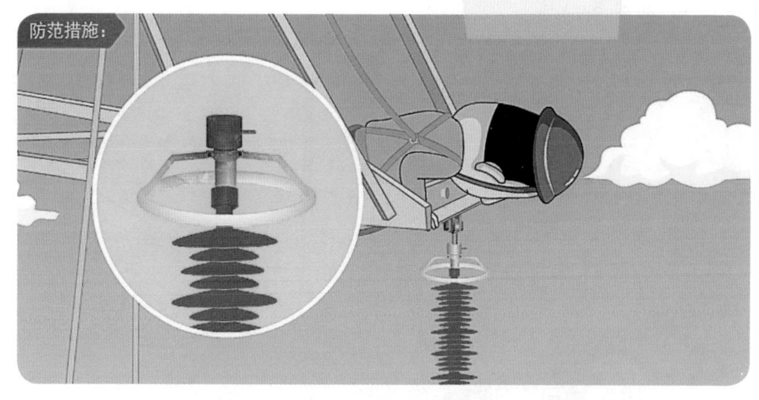

图 3-33 检查绝缘子串的完好情况

（3）对于新绝缘子金具，应检查其线夹船体、挂板、挂架和螺栓是否有松动、裂纹（见图 3-34）。

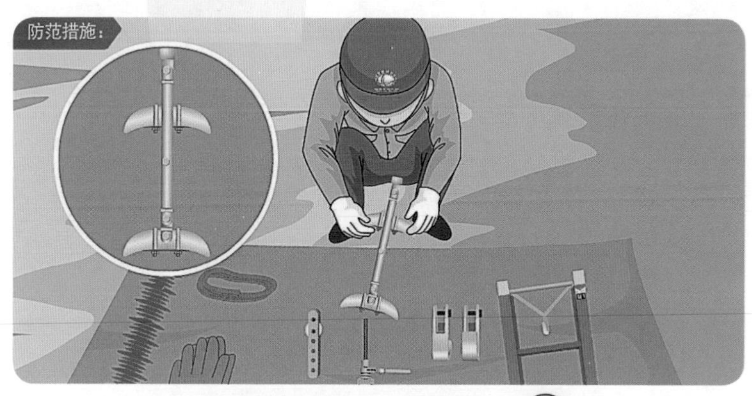

图 3-34 新悬垂线夹外观检查

（4）进行更换作业前，应将吊线工具的导线钩双向钩好，检查确认受力良好（见图 3–35），方可解除绝缘子串与悬垂线夹的连接（见图 3–36）。

图 3-35　吊线装置受力情况检查

图 3-36　解除绝缘子串与悬垂线夹的连接

（5）工具材料应使用绝缘绳索传递（见图 3-37），小件物品应装袋，作业点正下方禁止人员逗留。

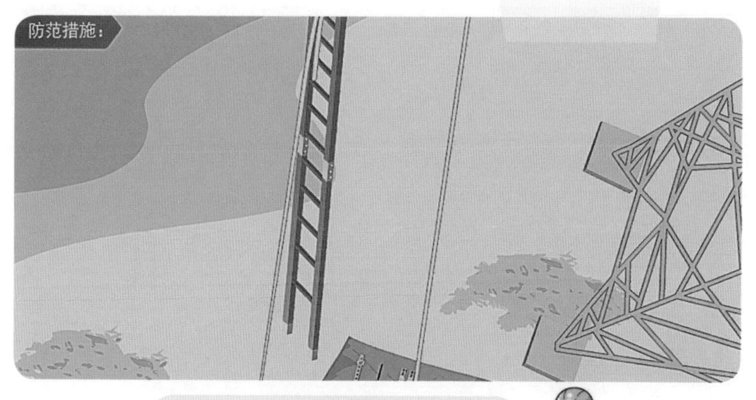

图 3-37 使用绝缘绳索传递绝缘平梯

（6）传递吊线工具时，应将各部位连接螺栓拧紧并检查连接情况（见图 3-38），绝缘操作杆应该检查其接头连接情况（见图 3-39）。

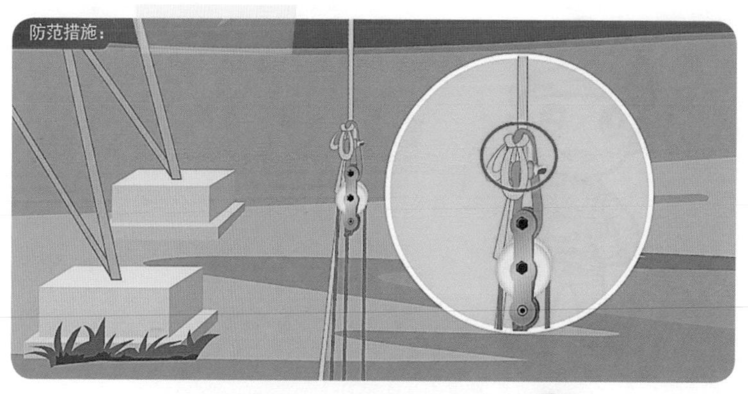

图 3-38 检查连接螺栓连接情况

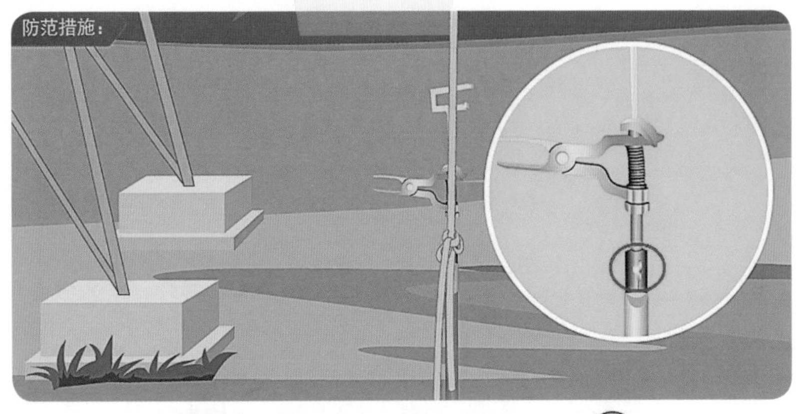

图 3-39　检查绝缘操作杆接头连接情况

3. 危险类型三：高处坠落

作业登高及移位过程中发生高处坠落，或作业过程中发生高处坠落，请特别注意防范。

防范措施：

（1）攀登杆塔时，注意爬梯或脚钉是否牢固、可靠（见图3-40）；杆上转移作业位置时，不得失去安全带保护。

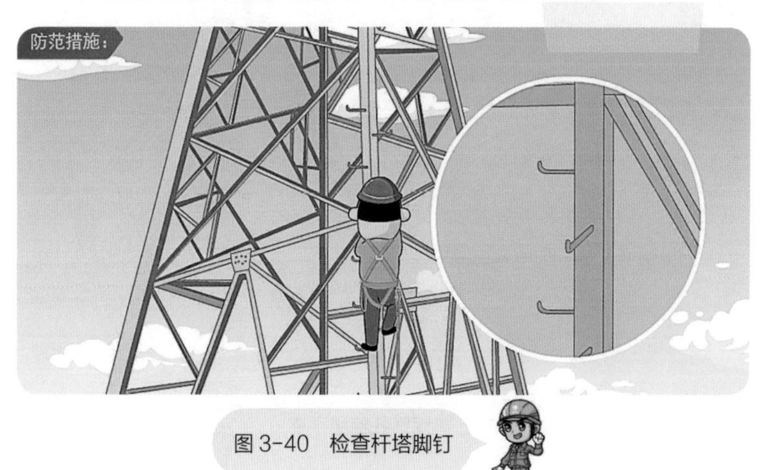

图3-40 检查杆塔脚钉

（2）安全带应系在牢固的构件上，检查扣环是否扣牢；安全带、后备保护绳应分别系挂在不同的牢固构件上（见图3-41）。

图3-41 安全带、后备保护绳分别系挂

（3）绝缘平梯应安装牢固，平梯后端应与杆塔构件绑扎牢固（见图3–42）。

图3-42 牢固绑扎绝缘平梯

（4）等电位电工出梯前，应检查并冲击绝缘平梯悬挂牢固情况（见图3–43）；沿绝缘平梯工作前，应系好后备保护绳。

图3-43 冲击检查绝缘平梯悬挂情况

（5）等电位电工沿平梯进入电场过程，应系好防坠落保护绳（见图 3-44）；应控制好防坠落保护绳的长短松弛，确保保护绳有效。

图 3-44 系挂防坠落后备保护绳

4. 危险类型四：高电压风险

作业过程中有可能会发生工具绝缘失效、空气间隙击穿或绝缘子串闪络，请特别注意防范。

防范措施：

（1）绝缘工具应定期试验合格（见图 3–45）。

图 3-45　绝缘平梯试验合格

（2）运输过程中，应妥善保管，避免受潮（见图 3–46）。

图 3-46　妥善运输保管

（3）使用工具时，操作人员应戴防汗手套（见图 3-47）。

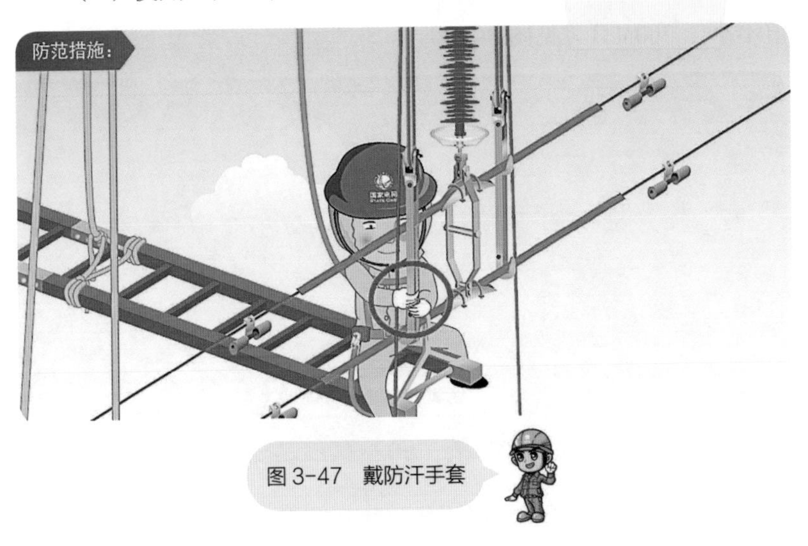

图 3-47 戴防汗手套

（4）作业过程中，硬质绝缘工具的有效长度应保持在 1.8m 以上（见图 3-48）。

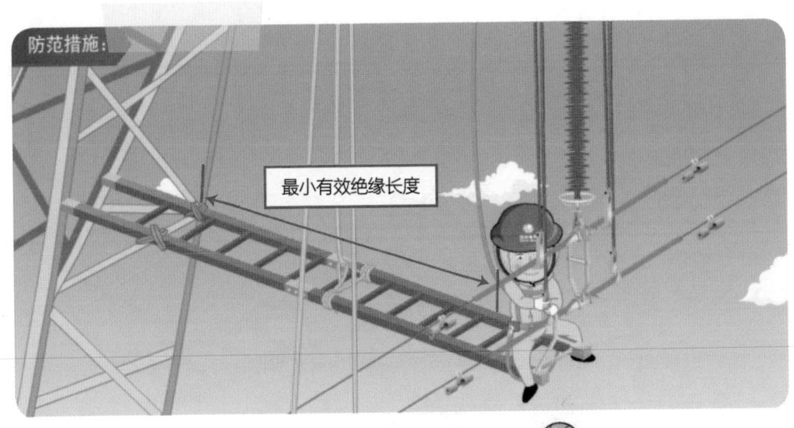

图 3-48 绝缘平梯有效长度

（5）现场使用绝缘工具前，应用绝缘测试仪器检查其绝缘阻值不小于700MΩ（见图3-49）。

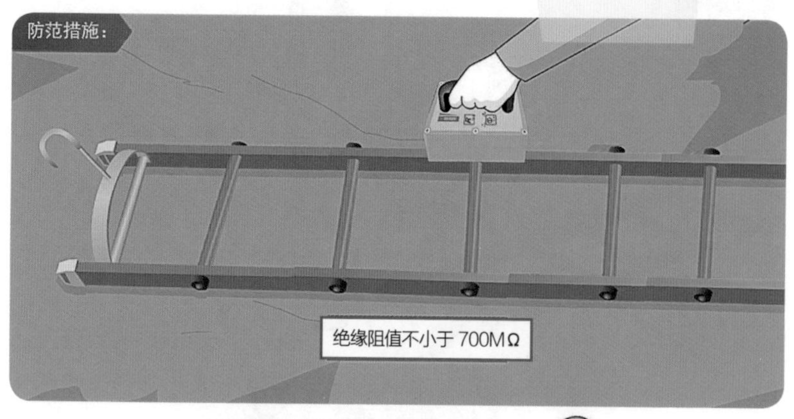
防范措施：
绝缘阻值不小于700MΩ

图3-49　进行绝缘平梯电阻检测

（6）作业前，应确认空气间隙满足安全距离的要求；对于无法确认的，应现场实测后确认后，方可进行作业（见图3-50）。

防范措施：
最小有效绝缘长度

图3-50　空气间隙安全距离要求

（7）必须保证专人监护，监护人在作业人员进入横担靠近带电体之前，应事先提醒；等电位电工进入电场前，应先报告（见图 3-51）。

图 3-51 专人全程监护

（8）更换过程中，须在绝缘子串与导线脱离电位后，地电位人员方可用手操作绝缘子串；直接用手操作绝缘子时（见图 3-52），应控制手臂下伸长度。

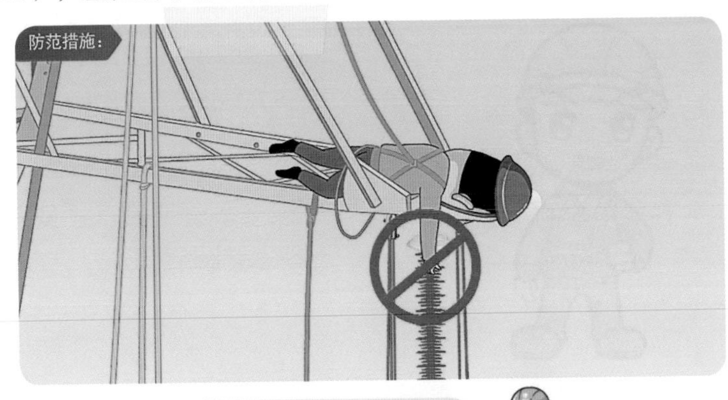

图 3-52 控制手臂下伸长度

（9）杆上作业人员宜穿导电鞋（见图 3-53）；等电位电工应穿着全套合格屏蔽服；作业前，应检查屏蔽服各部位连接导通情况。

图 3-53 杆上作业穿导电鞋

5. 危险类型五：恶劣天气

作业过程中有可能会气象条件不满足要求或天气突变，请特别注意防范。

防范措施：

（1）带电作业应在良好的天气下进行（见图 3–54）。

图 3–54　满足带电作业天气要求

（2）雷、雨、雪、雾天不得进行带电作业（见图 3–55）。

图 3–55　恶劣天气不得作业

(3)风力大于5级、相对湿度大于80%时，一般不宜进行带电作业(见图3-56)。

图3-56 风力大于5级不宜作业

(4)作业前，应提前了解天气情况，在作业现场工作负责人应时刻注意天气变化，特别是夏季的雷雨(见图3-57)。

图3-57 作业现场时刻关注天气变化

（5）作业过程中，发生天气突变时，应在保证人员安全的前提下，尽快撤离（见图 3–58）。

图 3-58 天气突变撤离现场

第五节 现场作业程序

现场作业程序包括履行许可手续、现场开工准备、现场作业过程、工作终结手续、资料整理归档5个主要阶段，如图3-59所示。

履行许可手续

现场开工准备
- 核对杆塔编号、位置
- 现场气象条件判定
- 召开班前会
- 设备及工器具现场检查
- 穿戴、检查防护装备

现场作业过程

工作终结手续
- 施工验收
- 工器具、材料整理
- 召开班后会
- 履行终结手续

资料整理归档

图3-59 现场作业程序

让我们开始一次现场作业征程吧！

一、履行许可手续

工作负责人联系调度值班员，履行许可手续（见图 3-60）。

图 3-60 履行许可手续

带电作业“特种兵”郑重提醒：
进入现场前必须履行许可手续！

二、开工准备

带电作业“特种兵”开门6件事，到达作业现场、核对杆塔编号、查看气象条件、现场班前会、杆塔外观检查、工具摆放，缺一不可哦！

1. 到达作业现场

全体作业人员到达作业现场，摆放好工器具及材料。

2. 核对杆塔编号

工作负责人核对工作票中线路名称及杆塔号是否与工作票一致。

3. 查看气象条件

工作负责人查看现场气象条件。

4. 现场班前会

宣读工作票、交代工作内容、告知危险点及现场安全措施，进行人员分工和技术交底，并履行确认手续。

5. 杆塔外观检查

进行杆塔外观检查，确认塔身、基础、脚钉外观无异常。

6. 工具摆放

作业现场铺设防水苫布，然后将工具摆放整齐。

7. 悬垂线夹外观检查

检查悬垂线夹外观是否完好，各部件是否齐全（见图 3–61）。

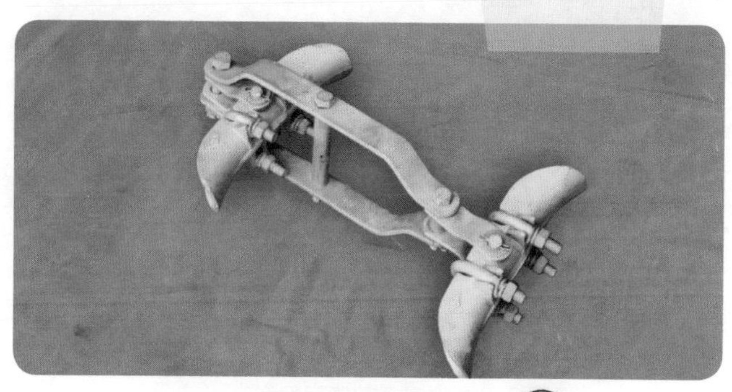

图 3-61 悬垂线夹外观检查

8. 工器具检查、检测

检查防脱落保护绳、绝缘滑车等工器具外观是否完好，金属部分有无锈蚀（见图 3–62）；清洁绝缘平梯表面；并用绝缘测试仪对绝缘平梯、绝缘起吊绳等绝缘工具进行绝缘检测（见图 3–63）。

图 3-62 工器具外观检查

图 3-63　绝缘平梯电阻检测

9. 屏蔽服穿戴、检查

等电位电工穿好屏蔽服，检查屏蔽服各部位间连接是否可靠（见图 3-64），并用万用表检测全套屏蔽服间的导通情况（见图 3-65）。

图 3-64　屏蔽服连接部位检查

图 3-65　屏蔽服导通情况检测

10. 安全带冲击试验

等电位电工、地电位电工分别对安全带及后备保护绳（防坠器）进行冲击试验（见图 3-66）。

图 3-66　后备保护绳冲击检查

三、作业过程

采用自平衡式软质拉棒法开展220kV输电线路直线绝缘子串金具带电更换作业，主要包括8个阶段：登塔到达工作位置、绝缘平梯传递固定、等电位电工进入电场、吊线装置安装及导线起吊、旧悬垂线夹拆除传递、新悬垂线夹传递安装、吊线装置拆除退出电场、拆除绝缘平梯下塔。现场作业过程如图3–67所示。

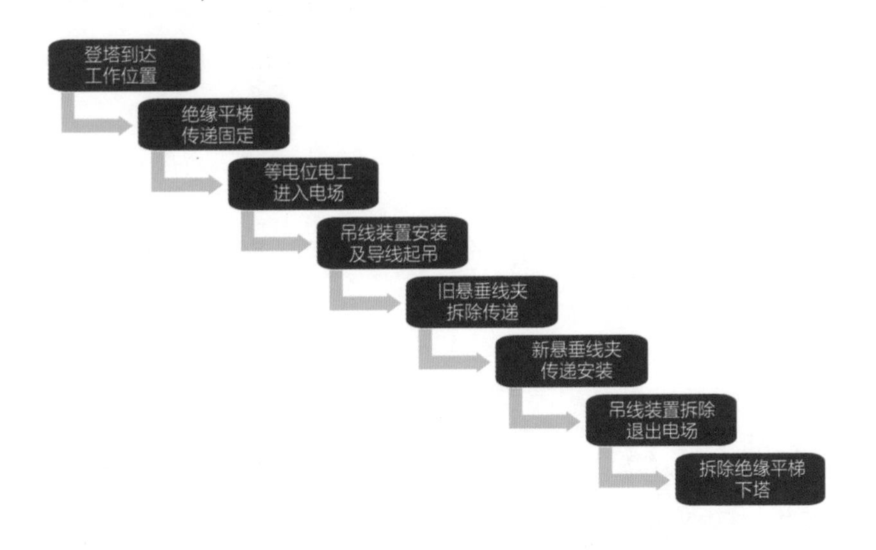

图3-67 现场作业过程

带电作业“特种兵”
要准确把握每个阶段
的目的和注意事项。

1. 登塔到达工作位置

（1）经工作负责人同意后，地电位电工携带绝缘传递绳，与等电位电工依次登塔（见图 3-68）。

图 3-68　塔上电工依次登塔

（2）地电位电工登塔至作业横担位置，绑好安全带及后备保护绳（见图3–69），挂好滑车及传递绳（见图3–70）；等电位电工登塔至导线水平位置，绑好安全带及后备保护绳（见图3–71）。

图3-69　地电位电工绑好安全带及后备保护绳

图3-70　挂好滑车及传递绳

图 3-71　等电位电工绑好安全带及后备保护绳

挂滑车时，应注意滑车挂点位置选择，既要方便工具的传递和取用，又要使工具的传递路线与操作相的导线，保持足够的安全距离，谁都不想刚“拔枪”的时候一不小心就先伤了自己吧！

滑车挂点位置选择

2. 绝缘平梯传递固定

（1）地面电工在绝缘平梯前部大约三分之一的位置，绑好绝缘传递绳，将绝缘平梯传递至塔上（见图3–72）。

图3-72 绝缘平梯传递至塔上

（2）等电位电工、地电位电工相互配合（见图3–73），将绝缘平梯前端挂在下子导线上，绝缘平梯后端用绝缘短绳牢固固定在塔身适当位置（见图3–74）。

图3-73 塔上电工相互配合

图 3-74 固定绝缘平梯

在战场上，很多时候特种兵需要匍匐前进规避风险，带电作业“特种兵”也需要留意绝缘平梯与导线间的空气间隙，应满足等电位电工进出电场过程中的组合间隙要求。

满足空气组合间隙要求

3. 等电位电工进入电场

（1）等电位电工对绝缘平梯进行冲击检查，确认安装牢靠后报告工作负责人（见图 3–75）。

图 3-75　绝缘平梯进行冲击检查

（2）经工作负责人许可后，戴上屏蔽服的帽子（见图 3–76），将安全带转移至绝缘平梯上，然后缓慢、平稳沿绝缘平梯进入电场（见图 3–77）。

图 3-76　戴上屏蔽服的帽子

图 3-77 沿绝缘平梯进入电场

一切行动听指挥，特种兵一定要在得到指令后才能开始行动。

（3）到达绝缘平梯传递绳的绑点位置后，拆下绝缘平梯传递绳，并携带传递绳继续缓慢、平稳地向前移动（见图 3-78）。

图 3-78 拆下绝缘平梯传递绳

（4）在接近放电距离位置时，向工作负责人申请电位转移。经工作负责人许可后，手迅速抓住带电体，完成电位转移（见图3–79和图3–80）。

图3-79　申请电位转移

V34
扫一扫　看一看

图3-80　完成电位转移

来自老兵的提醒

电位转移时，动作应迅速，避免反复充放电，禁止头部先放电。

4. 吊线装置安装及导线起吊

（1）地面电工将横担拓宽器传递至塔上（见图 3-81），地电位电工将其安装在横担绝缘子串挂点上方（见图 3-82）。

图 3-81 横担拓宽器传递至塔上

图 3-82 安装横担拓宽器

安装位置应避开均压环，且丝杆不得与塔材碰触摩擦。

（2）地面电工再将组装好的可调式绝缘轮式调节板、绝缘软质提线绳、吊线钩传递给地电位电工，将其安装在横担拓宽器上（见图 3–83）。

图 3–83　传递并安装吊线装置

（3）等电位电工将吊线钩正反向钩住导线（见图 3–84），地电位电工根据安装好后的剩余长度，调整滑轮在调整板上的位置，保证丝杆有足够的收紧行程（见图 3–85）。

图 3–84　吊线钩正反向钩住导线

图 3-85 调整滑轮在调整板上的位置

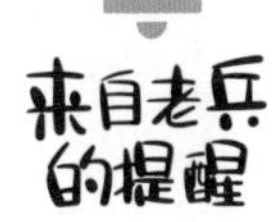

特种兵要时刻关注多个方位，整个安装过程等电位电工都应控制好两个吊线钩。

（4）地电位电工收紧丝杆使吊线工具稍稍受力，并冲击检查吊线工具连接情况，确认吊线工具各部件及组装良好（见图 3-86）。

图 3-86 冲击检查吊线工具连接情况

5. 旧悬垂线夹拆除传递

（1）地面电工将子导线间距调节控制绳及个人工具放在桶包内，传递给等电位电工（见图 3–87）。

图 3–87 传递个人工具给等电位电工

特种兵的动作要特别小心，注意规避风险。起吊工器具应先远离导线，吊至与导线水平位置时，再由地电位电工控制绳索，横移给等电位电工，等电位电工将桶包取下，挂在导线上。

（2）等电位电工将子导线间距调节控制绳绑扎在悬垂线夹附近（见图 3–88）。

图 3–88 绑扎子导线间距调节控制绳

越接近敌人越容易消灭敌人，在不影响悬垂线夹更换的前提下，安装位置尽量靠近悬垂线夹。

（3）地电位电工收紧卡具丝杆，将导线荷重转移到吊线工具上，使绝缘子串松弛（见图 3–89）。

图 3-89 导线起吊

（4）经工作负责人同意后，等电位电工拆开绝缘子串与碗头挂板的连接（见图 3–90），拆除旧悬垂线夹，将其放入桶包内，然后将桶包传递至地面（见图 3–91）。

图 3-90 拆开绝缘子串与碗头挂板的连接

图 3-91　拆除旧悬垂线夹

特种兵在战场上执行任务都是悄无声息，掉装备可是会对自己或战友造成伤害的。
（1）先拆除挂板，然后依次拆除上下线夹；
（2）拆除过程中，应注意防止螺栓，垫片等小物件掉落。

6. 新悬垂线夹传递安装

（1）地面电工将新悬垂线夹放入桶包内，起吊传递给等电位电工（见图 3-92）。

图 3-92　传递新悬垂线夹上塔

（2）等电位电工按照先安装上下线夹、后安装挂板的顺序安装新悬垂线夹。先将船体安装在导线上，然后安装压板及U形螺栓，翻转船体，锁上螺栓，待两边螺栓均锁上后（注意先不要锁紧），再将船体翻转回来（见图3–93）。

图3-93 安装新悬垂线夹

来自老兵的提醒

安装完毕后，等电位电工对安装工艺、质量进行检查，确认螺栓是否拧紧，插销是否都插好，并报告工作负责人。

（3）经工作负责人同意，地电位电工放松丝杆，等电位电工恢复碗头挂板与绝缘子串的连接（见图3–94），使绝缘子串恢复受力状态，检查冲击绝缘子串及悬垂线夹受力情况，并向工作负责人报告悬垂线夹安装情况（见图3–95和图3–96）。

图 3-94 恢复绝缘子串与碗头挂板的连接

图 3-95 检查冲击绝缘子串及悬垂线夹受力情况

图 3-96 报告悬垂线夹安装情况

（4）等电位电工与地面电工相互配合将桶包传递至地面（见图 3-97）。

图 3-97 将桶包传递至地面

7. 吊线装置拆除退出电场

（1）等电位电工配合地电位电工，依次拆除吊线钩、绝缘软质提线绳、可调式绝缘轮式调节板、横担拓宽器、丝杆，并与地面电工相互配合传递至地面（见图3–98）。

图3-98 拆除吊线装置传递至地面

（2）等电位电工手抓住带电体，将身体移动至放电距离以外，向工作负责人申请电位转移（见图3–99）。

图3-99 申请电位转移

（3）经工作负责人许可后，手迅速放开带电体，完成电位转移（见图 3-100）。

图 3-100 完成电位转移

特种兵要求身手敏捷，动作干脆利落。电位转移时，动作应迅速，避免反复充放电。手掌最后脱离带电体后，应避免头部再次放电。

（4）等电位电工退至绝缘平梯前部大约 1/3 的位置时，绑好绝缘传递绳，然后沿绝缘平梯退出电场（见图 3-101）。

图 3-101 沿绝缘平梯退出电场

8. 拆除绝缘平梯下塔

（1）地电位电工与地面电工相互配合，拆除绝缘平梯，传递绝缘平梯至地面（见图 3–102 和图 3–103）。

图 3–102　拆除绝缘平梯

图 3–103　传递绝缘平梯至地面

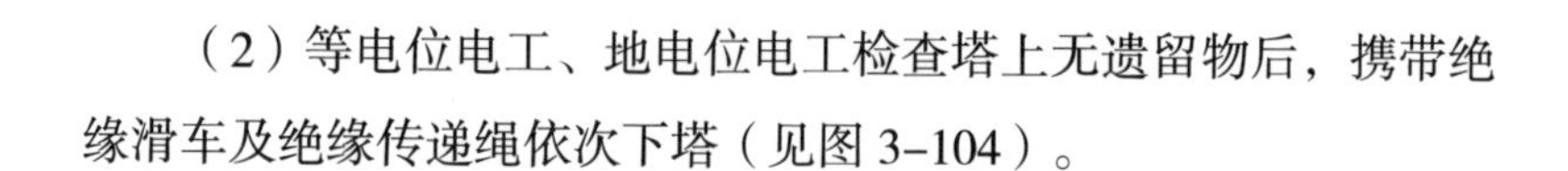

（2）等电位电工、地电位电工检查塔上无遗留物后，携带绝缘滑车及绝缘传递绳依次下塔（见图 3–104）。

图 3-104 下塔

四、工作终结手续

作业结束后，带电作业人员应依次进行检查验收、整理工具、召开班后会、办理终结手续。竣工流程如图 3-105 所示。

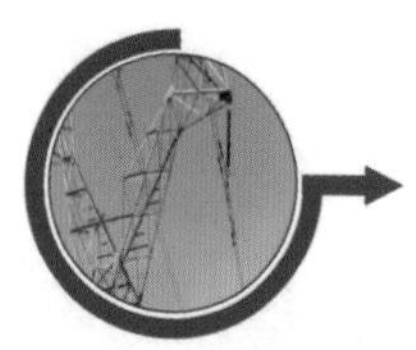

1. 检查验收

作业结束后，工作负责人依据施工验收规范对绝缘子金具安装工艺，质量进行检查，并确认塔上无遗留物。

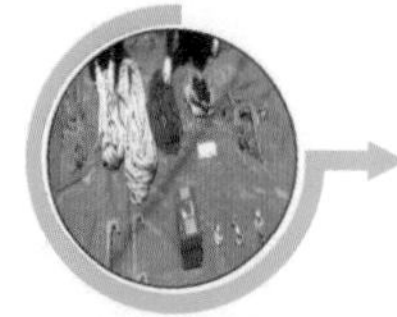

2. 整理工具

地面电工整理工具、材料并摆放整齐。

3. 召开班后会

工作负责人召集全体工作班成员，召开班后会（点名、塔上人员汇报、工作负责人点评）。

4. 办理终结手续

工作负责人与值班调度员联系，办理工作终结手续。

图 3-105 竣工流程

五、资料整理归档

完成工作票归档、录音上传等相关流程（见图 3-106）。

图 3-106 整理归档

第六节　总结与提升

一、内容总结

本项目讲述了220kV输电线路直线绝缘子串金具带电更换（自平衡式软质拉棒法）的作业流程、操作方法、质量要求，以及作业过程存在的危险点和预控措施。

二、知识点回顾

1. 作业方法（见图3-107）

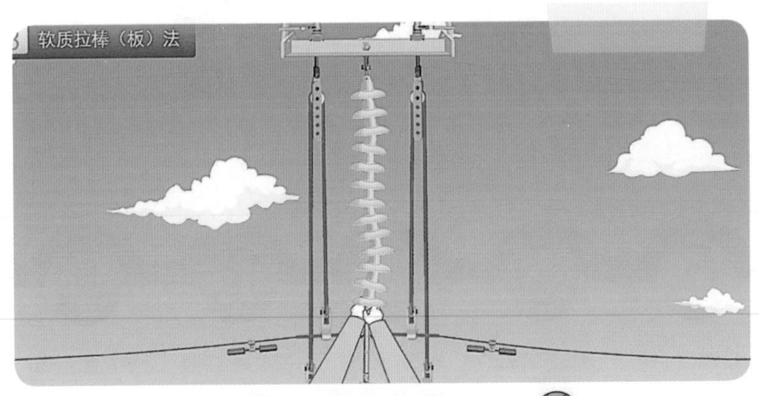

图3-107　自平衡式软质拉棒法

2. 作业流程准备（见图 3-108）

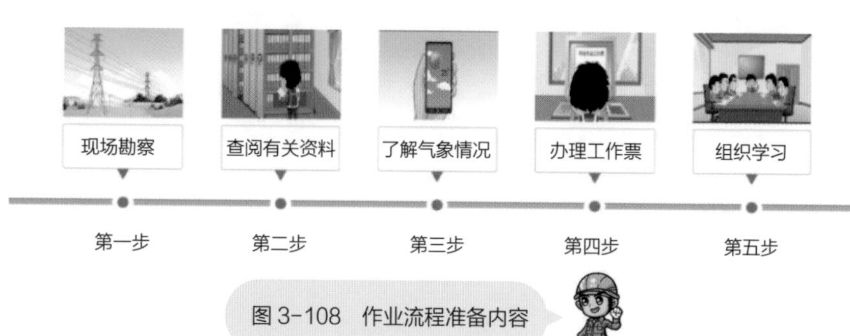

图 3-108　作业流程准备内容

3. 现场作业风险点分析与控制（见图 3-109）

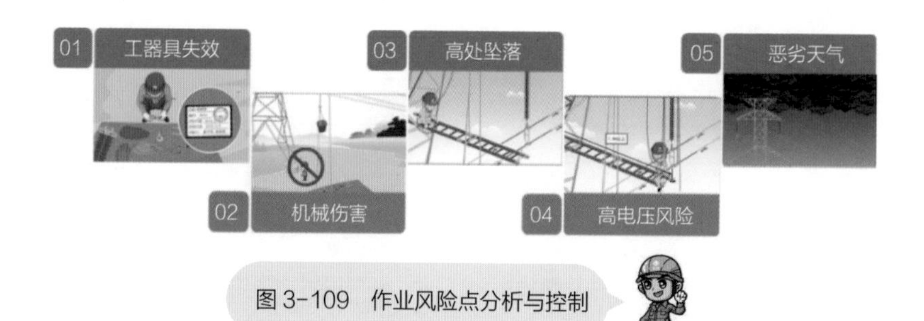

图 3-109　作业风险点分析与控制

4. 现场作业流程（见图 3-110）

图 3-110　现场作业流程

三、拓展再应用

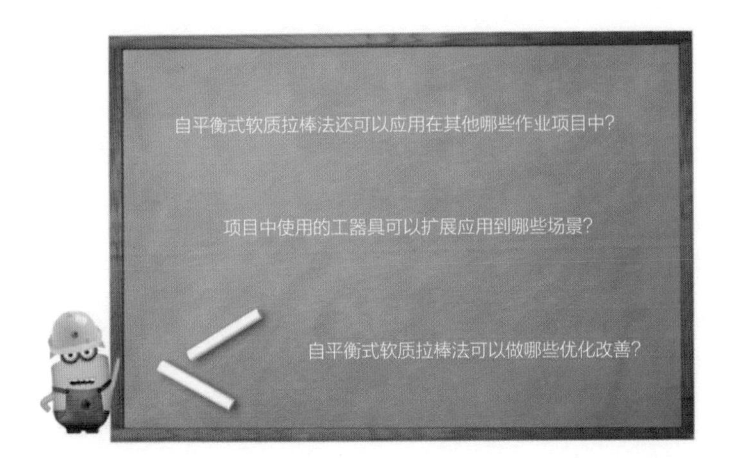
自平衡式软质拉棒法还可以应用在其他哪些作业项目中?
项目中使用的工器具可以扩展应用到哪些场景?
自平衡式软质拉棒法可以做哪些优化改善?

四、考一考

1. 自平衡式软质拉棒法有哪些优点和缺点?

2. 本作业项目里面有哪些特殊的工器具?

3. 本作业项目的主要风险有哪些?如何进行预控?

4. 简单列出从开始登塔到回到地面具体操作步骤。

5. 以软质拉棒(板)作为吊线工具的作业方法进行 220kV 输电线路直线绝缘子串带电更换该如何进行?